Table of Conten

Page # | Subject

MW00397937

Page #	Subject

2

4

6

8

12

14

16

18

20

22

24

28

34

40

42

44

48

49

54

61

64

72

82

88

90

94

100

102

104

106

108

110

114

140

144

152

156

Made in the USA
Monee, IL
13 August 2020